私の「電気自動車」考察半世紀

高橋 保基

TAKAHASHI Yasunori

文芸社

はじめに

電気自動車研究開発と著作者に関すること

1965（昭和40）年から自家発電による自動車を走らせる研究開発に着手、1970（昭和45）年から、本格的に専門書で学びながら、設計図を引き、研究に努めた。

1973（昭和48）年のオイルショックの時、石油資源の寿命が50年と噂されたが間違いで、それからも石油資源を利用した（塩化樹脂製品）を製造する企業がますます増えていったことで、地球球環境が著しく損われていった。

私は化石燃料を少しでも減少させられたら、地球環境が良くなると考えたが、結局「力及ばず」で、ますます地球も宇宙も侵されていく。遡って示すと1954（昭和29）年、神奈川県、川崎市東渡田に住んだ時、「昭和電線」の上空を見上げると、全く空がなかった。煤煙のためか、黒褐色で覆われ無気味な色に染まっていたのが今でも印象的に残っている。

当時、行政にすぐさま駆けつけ、状況を伝えると全く聞く耳を持たなかった。そこで諦めず、国と行政に文書をもって、「地球環境と健康」に悪いと提言したが何の沙汰もなかった。その後も、化石燃料に頼り過ぎたり、「核実験や宇宙開発」で海を荒らしたり、ロケットを飛ばしたりすると必ず弊害が起き、「大気圏、成層圏、オゾン層」ほかを破壊し、「地球温暖化、気（象）候変動、地殻変動」等を起こす原因になると提言してきた。そして、一部の人間達が自然界を危険なところに貶めている。

さらに車社会になると、世界中が、一人一人車を持てば大変なことになると考えたので、少しでも環境に優しい車社会にするため、挑戦した結果、「動力車を電気」で走れる自動車に着目し、本格的に取り組んだのが、1970（昭和45）年である。その時から年を重ねると自動車の形も数十台になっていた。

1980（昭和55）年に都市エネルギーに関する海外視察をした。アメリカを訪問し、都市ゴミのガス化とバイオマス発電計画（開発現場）を見て、帰国後、国に夢の島のゴミ問題を提言したが、反応は無に等しかった。が、その時から私は、電気自動車に応用することを考えて、「バイオマス」に加えて風力、太陽光発電に着手し、走りながら電気を作り循環方法で走れる車の研究開発に努めた。当時の私が「特許権」を知らなかったのは確かだ。

ある日友人のO氏より、電話で特許について、弁理士さんと会って話を聞いて、2008（平成20）年に特許取得のマニュアルを学び、下書きの書類を作った。だが、何ヶ所か企業を訪ねたが、なかなか進まなかった。最後、2010（平成22）年に群馬県の自動車関連会社を紹介されて三人で訪ね、先方の責任者二人と打ち合わせしたところ、難しいということで不成立に終わった。まだ機密物件なので、「情報を漏らさず、作らず」ということで契約書を交わした。

それから約半年後、O氏から連絡があり、著作権のことで、K氏ほか１名を紹介された。「特許権は７年だが長年かかるので、著作権なら早く取得でき、70年間権利を有する」といわれ、2011（平成23）年８月「機密書類」を持参してN氏と会って半年くらい打ち合わせした後、信用して、A社のN代表と「契約書」を交わした。しかし、１年経ち、２年経っても申請書ができず、直接電話すると、「あと少しでできる。もう少し待つように」と言われたが、既に３年も経過していたので心配になり、K氏に連絡すると、すぐさまN氏から書類を取り戻し、返送された。私もN氏に連絡すると、既に行方知れずだった。

結果的には「機密書類」はインプットされ、持ち逃げされたのである。何度連絡してもつかまらなかった。そうこうしているうちに社会情勢は早くも、電気自動車時代に入っていった。やがて、自動車産業界は電気自動車が市場を賑わし、太陽光、風力発電等と顔を出し始めた。そして世界中が電気自動車時代になった。私としてはこれでよかったのだが、電気自動車の経緯だけは知ってほしい。環境問題とバイオマス発電を知り、本格的にバイオマス、メタンガスから水素分解、カーボン（ニュートラル)(半導体シリコンバー)そして水素電池と次々と生まれ、ほかにリチウムイオン(炭素リチウム)によるものも考案した。とにかく、バイオマスから、太陽光、風力発電、そして自家発電による循環方式を生み出したことである。これが経緯である。－以上－

記

地球環境破壊と地球温暖化の原因について、文芸社より出版した。『地球環境の危機』(2003年)と『自叙伝と地球人社会への提言』(2021年)に詳しく記載しています。御参照下されば幸甚です。

目　次

電（子）気自動車開発について

電子は原子核または原素から電子となる。

まず電気自動車を考えた時、電子をいかに応用すれば原子エネルギーとして生かせるか、素人には難しいが可能性にかけた。原子核は水素爆弾等の素でもあり、平和利用としてのエネルギーとして採用すれば大きな力が得られる。なお、危険性が伴うことも事実である。「原子力発電も安全」ではないが、「電子力エネルギー」であれば安全安心である。また、省エネルギーとしても効果的であると思う。

原子力ではなく、電子力エネルギーなので十分応用は可能である。電気より電子に変換して使えるようにすれば出力もアップして動力として、モーターとエンジンを駆動させることができ、自動車を走行させられる。あるいは、水素分解して（カーボン）水素電池を作り、駆動させる方法も考えられる。そうした原理から、循環方式にして、発電と蓄電方法により、さらに効果的である。これが可能となれば、大変な省エネルギー源となる。

No.1

次に核を頭において考えると、germanium（ゲルマニウム）は原子記号（Ge)、原子番号32、原子量72.59、比重5.35、銀灰色の光沢を持った代表的半導体の金属ダイヤモンド型構造で「モロい結晶」であり、極めて純粋に精製された「不純物100億分の1」程度で、「ダイオード」「トランジスター」を作る原料として、電子工学上重要な役割を果たしている。1872年にメンデレーエフが予言した元素の一つで、その性質の実際に一致が有名。

彼は（整流⇒トランジスター）元素の周期律存在を予言した。

原子、電子、時計に応用するには、元素（原子）の周期律という、元素を周期律に占める順番を原子番号と呼んでいる。それを「Z」の記号で表示している。天然の元素は原子番号１の水素から、92番のウランまで、92種類。原子の世界は中心部に原子核があり、その周りを幾つかの電子が回っている。これが長岡ラザフォードの原子核型で、「原子核から電子、そして水素へ」そして酸素へと変換される。

No.2

電子は負の電気素量を持つ「素粒子」で、原子核と共に原子を構成する粒子であり、原子内の電子の数は原子番号に等しい。質量は最も軽い原子であり、水素原子の約1840分の1で電界と磁界によって容易に進路を変えられるので、この性質を生かし、「電子工学」で利用している。さらに原子内の電子は化学結合、電気伝導、結晶等、物質の物理的、化学的性質を決定する役割を果たし、フィラメントを熱すると電子が放出する。これが熱電子となり、「真空管」の働き手となるのだ。さらには、光電効果によって放出される電子「光電子は光電管に利用され、また陰極線も電子の流れ」である。

これらの電子は、すべて原子内から取り出されたもので、「現代文明の最大公約数」である。即ち多種多様に応用されている。このベーター線の電子は、原子核が崩壊する際にこの世に誕生したのだ。核（原子核、電子核）が安全に応用できるかで、エネルギーの変革時代となる。特に原子核は危険であるが、電子核として応用すれば安全で、安心して利用は可能。技術的に工夫すれば電気から、電子自動車は可能となる。

No.3

原子燃料を使用したいが、核エネルギーは原子核分裂を起こす物質のうち、特に原子炉の燃料としても用いられる。広義では、原子爆弾の材料に原子炉内で核反応を起こし、原子エネルギーに転換する物質を含めることもある。最も代表的な原子燃料が「ウラン235、235U」で、「ウラン238、238U」は炉内でプルトニウム「239ph」

に転換して原子エネルギーとして応用できるといっても過言ではない（自動車のエネルギーとしては危険性が高いと、現在のところ、そう示している。及び可能性はあるとも示している）。

地球上には豊富にエネルギー源が存在していることは確かである。つまるところ「トリウム232Th」が存在しているが、この原子燃料を安全に実用化できると、平和産業に役立つ。平和的利用に一新紀元を画することになる。これが望ましいのだが、疑問がある。確かに極めて問題がある。今、各国で研究開発が盛んに行われるようになったが、原子の世界は「量子論」で支配されている。私達には直観的に正確に表せるものではない。ただし、その周りを一群の電子が惑星のように、それぞれの軌道をとらえているという見方が原子の構造を論ずる上で役立つものだ。こうした様々な見方、考え方が原子模型というものだ。

No.4

電子が軌道を描く代わりに雲が描く形成の模型が、本当の原子の一面をとらえている。その核原子模型を特に電子模型といって、原子の理論を建設する際の大きな役割を果たす。⇒その原子、電子を用いて、強力なエネルギーに転換することで動力源が得られる。

電（子）気自動車発明の明細書下書き（申請書）

〔書類名〕明細書
〔発明の名称〕電（子）気自動車
〔技術分野〕
〔0001〕

本発明は電気と電子両様自動車に関する。さらに太陽光と風力発電を加えている。なお、省エネ対策として、全車輪に発電装置（補助用、原動発電機）を設置し、さらに蓄電機も備える。ハイテク自動車として走りながら充電可能な自動車を開発する。

〔0002〕

一般的には、充電する電気自動車では走行距離も短く、充電しないと走れません。本発明の電気自動車は、走ることによって蓄電され、循環式で走り続けることが可能な電（子）気自動車である。蓄電方法は、太陽光発電、風力発電を備え、さらに補助的に前・後輪に「発電機」を取り付け、駆動させる。さらにはモーターも取り付け、あるいは「IHヒーティング」により電子化してタービンを回転させ発電する方法としたい。連動させることも考える。

〔0003〕

電気自動車の電力源は、現在、エネルギー密度比、重量が重く、ガソリン車に比較すると駆動源モーターとの兼ね合いでバッテリーを含む車両重量制限により、いかに省エネで運行走行するシステム化を図れるかで決まる。従って駆動源のトラブルにも対応できる「バックアップシステム」により、本発明の電気自動車は、初めはスターターバッテリーによってエンジンを回転させて、あとは自家発電で蓄電しながら走行する。風力、太陽光、四輪車補助発電機設置によって循環させるので、持続して走行可能にした。

〔0004〕

従来はガソリン車が主だったが、やっと最近「ハイテクだ、ハイブリッドだ、電気自動車だ」と市場を賑わす程度で、完全に自主的に走れる自動車の開発はされていない。太陽光発電は、日中だけ蓄電されても晴天以外は無理なので、私は「風力と補助原動機によるモーター」を工夫して、発電し蓄電しながら走行できる仕組みを開発した（自家発電法が一番である）。

〔0005〕

〔背景技術〕

電子、原子自動車を考えた時、（電子オーブンレンジ、

IHクッキングヒーター）等の原理を考えた。上記の方法が生かせると「ハイエネルギー」として引用でき、変換させ強力な電力を運用して走行（駆動源）し得るエンジン、モーターを回転させて走行可能となる（完全な自家発電によるハイブリッド機能車が完成する）。なお、バイオマス発電研究の際、水素分解によりカーボン等により水素電池も考えた。水素を利用した自動車も可能である（本発明は複数の駆動源を以て走行できる自動車である）。

〔0006〕
〔発明が解決しようとする課題〕
　発電専用の機能を有する電動システムによって発電電動機で電力を供給する電気（池）の充電に発電兼用機として使用可能にする。構造的には難しいが、超ハイブリッド自動車を提供できる。なお、このアイデアは、複数の駆動源を考えて、分散化を要求されても走行状態に合った駆動源を選択可能にして省エネで最大限に走行できる。なお、万一トラブルが起きても、「二重三重」の駆動源を保ち、さらにバックアップシステム化している。「HEV」の開発では、課題が残るが発想の転換を図ることで、通常のハイブリッド（HEV）ホーム・パワーユニット（HPV）を利用すると、これらの外部電力を必要とし課題として残る。本発明は最初のスターターバッテリーのみで作動させたあとは自在に自家発電により、蓄電されながら循環式で走行できる電気自動車を提供する。

〔0007〕

本発明は通常のバッテリーによってエンジンを回転させ、「充電用大型蓄電機」を通して駆動させ走行する。走行中は、風力、太陽光、前・後輪に設置した発電モーターで大型蓄電機に充電される仕組みでシステム化している。風力発電機は開発中のＳ電子の小型風力発電機が、新規に開発中のラジエイター部分に風力のプロペラシャフトによる発電方法である。これらを含めた自動車、即ち新しい電気自動車を提供する。

〔0008〕

本発明の電気自動車は自家発電で、充電されたバッテリーを使用する。その後バッテリーが減らないシステムにする。それは最初だけは、スターターバッテリーを利用するが、それ以降は総合的、自主的にスタートできるシステムである。太陽光風力発電他によって蓄電されているので、いつでもスタートできるシステムです。あとは複数の駆動源によって走行することができる。

〔0009〕

〔課題を解決するための手段〕

本発明の電気（子）自動車は「12Vスターターバッテリー」を採用している。一般的充電用バッテリーとハイブリッド用（HEV）バッテリーの採用も可能だが、本発明の電気自動車は12Vのバッテリーのみをスターター用とすることで、あとは自然に充電、蓄電しながら循環式によって自力で走り続けられるシステムである。

その該システム化は循環式によって「駆動」し、走行が続けられる。（風力発電機）一基の場合350W、二基の時350×2＝700W、三基350×3＝1,050W

その、バッテリーと前・後輪の発電機からの電力を合わせると、総合力が増し、モーターを駆動させるタービンを作動させる力が加わり、エンジンを楽に回転させることができる。一石二鳥である。あとはバッテリーの放電と寿命が延長する方法を考えることだ。駆動源の切り替えとか連動させる方法がスムーズに行われ、良好な走行ができるようにするとか、課題はまだあるが、パワーアップさせて駆動し続ける特徴を提供する。

〔0010〕

〔発明の効果〕

本発明の発電システムは、低速走行・市街地走行・渋滞走行・省エネ走行でもバッテリー低下による緊急性もなく、いずれにも作用されることなく、走行モードに合わせて最適に走れる電気自動車である。そのような、自家発電装置を特徴とするものだ。仮にその自動車が途中で停止しても、風力も太陽光も働いているので常に蓄電しているので安心して走ることができる。

〔0011〕

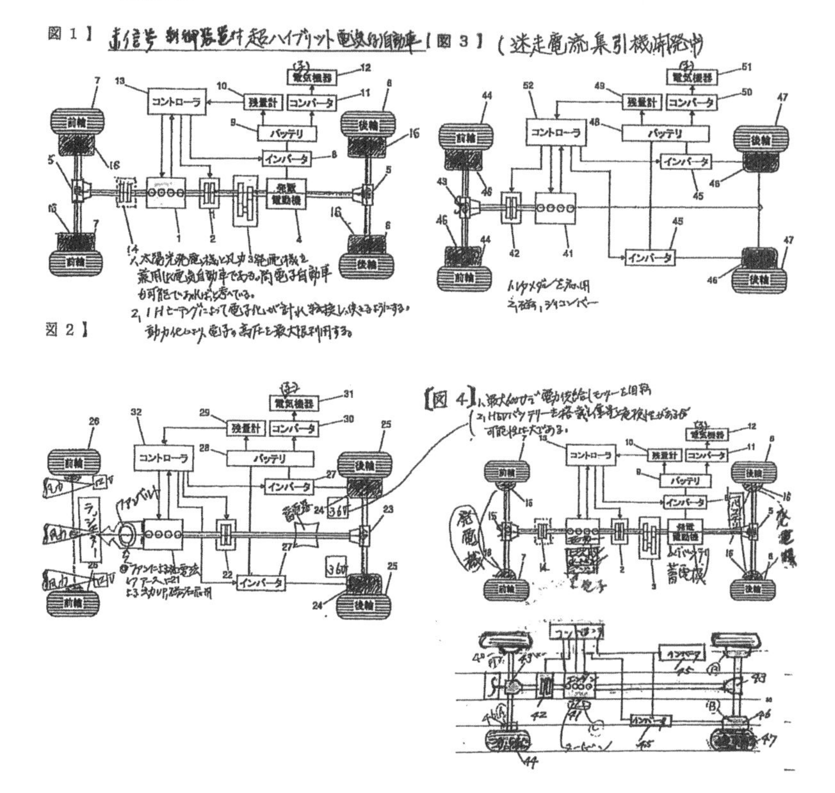

〔図面の簡単な説明〕

1、21、41、　エンジン
2、22、42、　クラッチ
3、　変速機
4、　発電機
5、23、43、　デファレンシャル（差動歯車装置）
6、25、47、　後輪
7、26、44、　前輪
8、27、45、　インバーター
9、28、48、　バッテリー
10、29、49、　残量計
11、30、50、　コンバーター
12、31、51、　電気機器
13、32、52、　コントローラー
14、　インホイールモーター（発電々動機）
15、（ABC）　前後・車輪に発電原動機取り付け、またはIHホームヒーティングと電子を応用する。

〔0012〕

本発明の電気自動車に関して、図面を引用して説明する。

1、太陽光発電と風力発電を兼用して走行させるシステムである。

２、車体内底部に大型蓄電機を設置し、更に前後・両車輪に補助発電機を取り付ける。
３、三重に発電機を取り付け、電力を強化し、長時間走行できるように工夫した。
４、エンジンとサブモーターによって発電機能を高め、循環方式を考えた電気自動車である。
５、平、側、断面図と構造図を下記に示す。

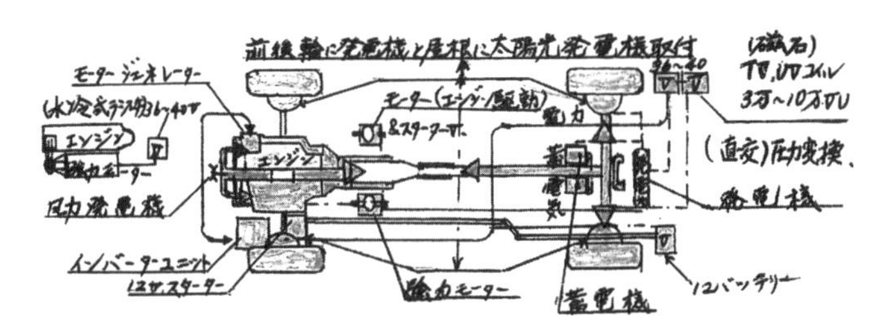

〔発電の課題〕
〔解決手段〕
〔0013〕本発明は発電機能を有する「前、後車輪」に発電機を付け回転により発電を開始する、更に、蓄電後「ボルトアップ」されコントローラーを通しモーターからエンジンへと伝導し走行する。これは循環方式となる。「先ずクラッチを介し前、後車輪」を駆動させエンジンも同時に駆動するシステムです。発電機が作動すると発電モードとなり、電気の容量が常に一定になり軽快に走り続ける。予備電力は基本的には、（風力、ソーラー発電）です。

〔選択図1〕に示す。

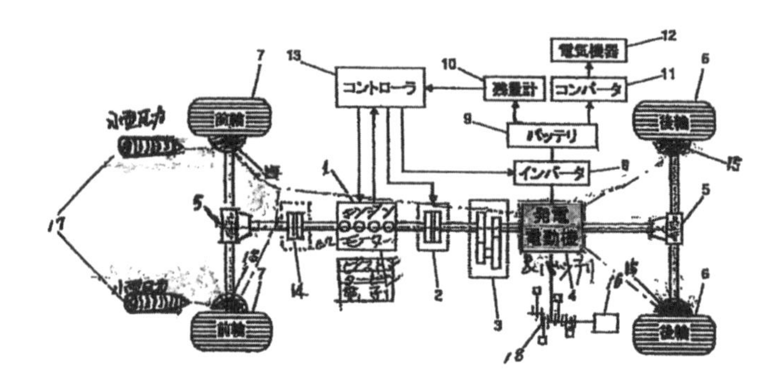

①エンジン（モーター） ②クラッチ ③変速機
④発電々動機バッテリー ⑤デファレンシャル
⑥後輪 ⑦前輪 ⑧インバーター ⑨バッテリー
⑩残量計 ⑪コンバーター ⑫電気機器
⑬コントローラー ⑭クラッチ ⑮発電原動機
⑯クランクシャフト ⑰風力発電機 ⑱増幅ピストン
〔特許請求項〕(1) 前後車輪を駆動すると発電機能を有し、その発電々動機により蓄電し高圧電流に変換することで充電機と電力変換し、充電機からの出力により、バッテリーとバッテリーからの出力電圧が高電圧に変換する。(2) 従って、高圧発生装置からの出力高電圧を複数個の出力端子に時分割で出力し電力切り替えコントローラーの出力端子に接続されたコイルより、励磁され、複数個のマグネットにより時分割で吸着離隔運動する。(3) 複数個のピストンの運動により回転運動に変換する。

又、クランクシャフトとクランクシャフトの回転運動により発電され、発電モーターと発電モーターからの電力を制御して出力する。(4) この発電出力コントローラーを含む発電システムを提供する。即ち循環式電気（子）自動車を提供する。

〔0014〕

上記は自家発電に関する主な解説だが、近い将来はメカニック時代となるため原子核の応用について述べている。本発明は産業上の利用の可能性が十分期待できる。

〔0015〕

上記解説は、化石燃料に頼らず、風力、太陽光発電と自家発電兼用によって走る電気自動車を提供する（電気、電子、電波）etcを計画中である（産業革命となろう）。

〔書類名〕特許請求の範囲

〔請求項〕

〔0016〕

本発明は風力発電、太陽光発電、自家発電の開発によるもので、循環式発電と蓄電法が特徴である。その、電気（子）自動車を提供する。圧力を高くする工夫をして、蓄電し大型バッテリーとし、一次電気（子）に変換させ、インバーターによって、500W ～ 1200Wに調整可能で、ビルトインの場合は200VまたはIHクッキングヒーターを応用、動力化して、出力アップして走行する方法を特許申請する。電（子）自動車を提供する。

〔書類名〕

〔要約〕

〔課題〕

〔0017〕

本発明は通常の12Vをスターターバッテリーに用い、自動車が走ることによって、自然に充発電される仕組みである。エンジンに点火すると駆動し、あとは自力による循環式なので永続的に走行する。主な電力は、風力、太陽光、四車輪の強力モーター原動機補助発電機である。

〔解決手段〕

〔0018〕

本発明は風力、太陽光（バイオマス発電より蓄電）したものを12Vスターターとして自動車の四車輪に発電機と強力モーターを設置、大型蓄電器に溜め、二次的に36Vバッテリーに供給しそのエネルギーで走行する（出力アップさせる方法としてIH、ビルトインを活用)。

〔0019〕

ハイブリッドの場合、発電専用の発電機を備えることなく、発電機能を有する駆動用原動機から、その電力を供給する。電力を充電用発電機として運用できる構造的に簡単なハイブリッド自動車を提供する。さらに発電機能を有する車輪に設置する原動機により、充電された電力が強力にモーターを回し、電池クラッチを介し自動車を駆動可能なエンジンを備えた。もし前輪の電力が、容量が所定置以下の時は後輪の電力で助勢して駆動力を回復させる。

〔0020〕

〔選択図〕図 1

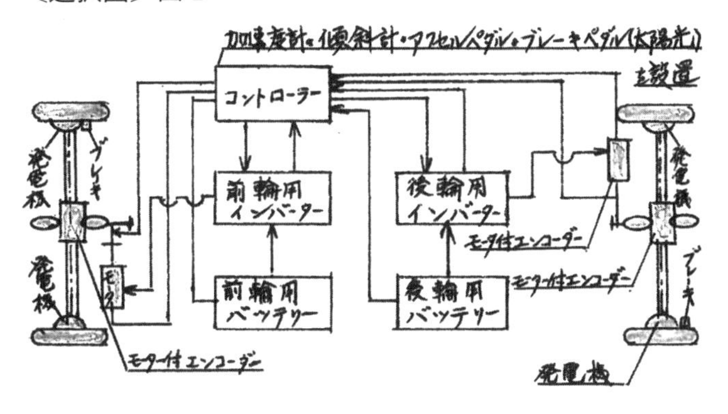

〔0021〕

〔書類名〕特許請求の範囲

〔請求項１〕

風力、太陽光発電機、前後輪に取り付けた大型バッテリーに蓄電する。強力モーターを取り付け、電圧を高くし、変換させ電子化してボルトアップを図り、省エネと高率化を図り、その、発電装置と電子化を試み、変換器を装備した電子自動車を提供する。

〔0022〕

〔書類名〕

〔要約〕

〔課題〕

現状のバッテリーの動力、電力源の電（子）気自動車等は走行中に使用する積載バッテリーから放電するので寿命がある。それがユーザーの関心事項であろう。そのために求めるのは走行状態によい複数の駆動力源から選択することだ。消費電力を最適モードにすることが、バッテリー消費を抑える省エネシステムを備え、走行距離と時間を延ばすことを主眼とするシステムだ。その電源や駆動源のトラブルにも対応できるバックアップシステムを組み立てた自家発電による電気自動車を提供する。

〔0023〕

〔解決手段〕

電（子）気自動車の複数電力源、動力源を分散し、走行状態を良い駆動源を選択して自動車を走行することで、消費動力の省エネを実現する。機種、車種により、駆動力を選択可能。なお、駆動力のバランスは大きさ、重量によって決まる。風力、太陽光、四車輪に補助発電機設置が特徴である。

〔選択図〕図２

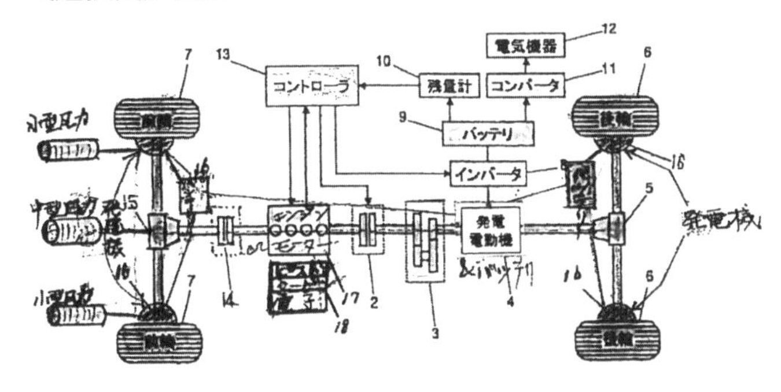

〔技術分析証明〕

電気で走る自動車の開発について、まず自家発電に注目した。

１、電気自動車は勿論だが、その動力源を有効に応用し、災害が発生したり、緊急事態が起きた時、自家発電が役に立てられる。

２、電車は上から電気を取りバッテリーは底から、それぞれ工夫して走っている。

３、自動車も底にバッテリー（発電機、蓄電器）を設置し、（電気、電池、水素、炭素）を応用して走行する。
４、将来は、太陽光、風力、バイオマス、水素、海水洋上等の発電によって、走行する。
５、今後自家発電が可能になり、省エネによって循環式で環境に優しいエネルギーで半永久的に駆動させる電気自動車を提供する。
６、問題は発電方法が難しい点。出力アップ変換技術と蓄電方法も工夫している。
７、最初は12Vスターターバッテリーでモーターを作動し、次にエンジンを駆動させ走行、走ることによって自家発電が働き蓄電し、循環式により、継続して走る。(出力アップテレビ方式採用)。

〔選択図〕図３

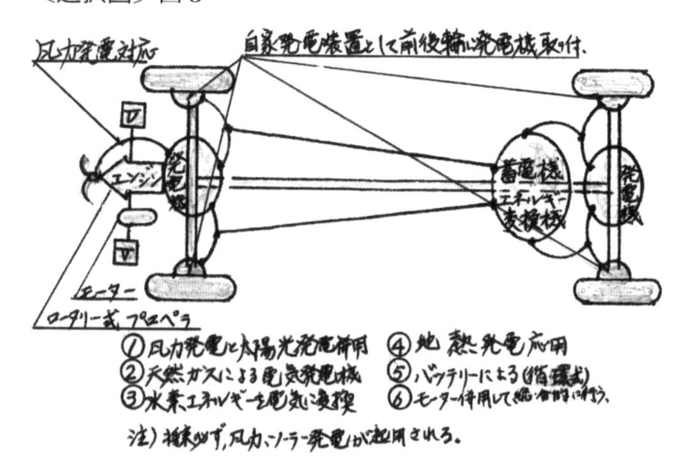

住宅産業の改革

住宅産業の改革、あるいは集団住宅でエネルギーを省力化するには自家発電機を設置するか。太陽光発電機も個人個人ではなく、共同で設置し、分配する。買電先と契約して、大型装置を考えて電力会社と進め方と先々を考えて進める。

太陽は日中でも晴れる日、曇りの日があり、夜間はだめであるから、大型蓄電機を設ける必要がある。この設備も考えて太陽光、風力発電も同様である。いずれにしてもCO2問題はこれでは解決しない。

考えるまでもなく、太陽光のパネル、風力発電、本体にしても、みな石油資源を使用している。生産過程でも大量のCO、CO2の汚染公害を排出している。電気はエコには違いないが、耐用年数や事故等破壊された残がいの始末が公害となる。

1）集団（合）住宅のエネルギーを省力化するために、自家発電機を設置する。

2）太陽光発電機を個人々々で設置せず、共同で自家発電機を設置し分配する。10棟単位～100棟でも～1000棟でも大型装置を考えて、太陽光発電装置即ち、太陽の照る日と照らない日では差が出る、また夜間はだめなので、電力会社と兼用し、夜間電力を利用し、蓄電する。夜間電力は安いので、一個所に大型蓄電機を設けることで、大変効果的である。

3）太陽光も風力発電機も、石油資源を使って造られているので、生産過程で大量のCO＋CO2＋汚染＋公害を排出しているため、エコロジーには程遠いので、考えものである。いずれにしても、電力会社を利用することがよいと思う。電気を効率的に使うには、夜間電力を応用するべきである。蓄電装置を考えれば何とかなると思う。

4）自動車も走行車すべて、自力で発電しながら、走り続けられる方法を考えるとよい。最初は、大型バッテリーとスターター用のバッテリーを設置し、IHクッキングヒーターに点火し、燃焼することでタービンを動かし、エンジンorモーターを駆動させて走らせる。前頭部にプロペラシャフトを付け、回転によって電気を起こし、バッテリーに蓄電する。さらに四車輪に発電装置を付け、電気を蓄電し循環させることで走り続けることができる。発電された電力をアップするための燃料変換器を取り付け、出力アップさせて、モーターorエンジンを動かす。

方法はテレビのブラウン管と同じくシステム化を図る。

数万ボルト化される。

5）電気自動車は充電式を基本に進めているが、私は最初のスターター用バッテリーと充電用バッテリーを満タンにし、常に維持されるように、前後四車輪に発電装置を取り付け、常に充電させる。発電された電気を圧力アップする変圧器で行う。テレビの圧力変換器のように出力アップできるように開発する。またIHクッキングヒーターを活用して旧式エンジンを駆動させるための装置として、ピストンを動かしてエンジンを作動させる。戦中、戦後、木炭車があったように、木炭や石炭で走っていたものを電気で、IHクッキングヒーター並びに電熱機方式を採用する（テレビも何万ボルトにもアップしている）。

6）水素＋酸素＝自動車開発、研究中、電子、電気兼用自動車研究開発途中。

図面説明

地球環境問題と石油資源を考えると、将来はクリーンエネルギー時代に移行させ、電気自動車時代に転換させたい。そのため、研究開発に取り組んだ。

まず、大型バッテリーに蓄電して走る方法と、走りながら発電する方法を考えた。風力発電と前後車輪に発電機を取り付け、モーターを回し発電をUPさせ、補助的役目を果たし循環させるシステムである。またはリチウム電池はコンパクト化することで、より良い効果となり、将来はパソコン、携帯電話等にも応用できるだろう。これからの地球環境問題を考えると、必然的にクリーンエネルギーに着目することになる。

注）ガソリンは無限ではないので、またCO2を排出するために公害の元となり、電気自動車に転換すべき時代に入るだろう。しかし、バッテリーにも問題があり、長時間走行できる方法が必要だ。方法としては循環方式を考えると、自家発電が不可欠である。

昔を思い出すと木炭車があった。これを応用すると発電に切り替えられると考えたり、リチウムイオン電池（炭素リチウム）を考えた。あるいは水素エネルギーカーボン等も考えてきた。

木炭車原理、ガスを発生、水素分解、カーボンニュートラルを爆発させシリンダーを駆動。

1　ガソリン車、ガス車を電気自動車に変換
2　電気や電池で走らせる方法
3　充電式か自家発電式かである。大型バッテリーを備え、モーターを活用して蓄電する。
4　モーターを活用して圧力変換し、エンジンを駆動させ、シリンダーを強く作動させる。
5　36Vか48Vを用いモーターを接続し回転させ、発電機と直結させ蓄電させる。
6　テレビの後方の磁石、シリコンコンデンサにより、圧力変換機を用いて電圧を上げる。
7　太陽光は曇りや雨だと作動しないので、風力発電と自家発電とする（少しでもエコに近づける）。

次に蓄電方法である。電気容量または静電気容量ともいう、絶縁される導体に電荷を与えると電位が変わり、電気容量は導体の形状のみでなく付近にある導体の相対位置にも関係する。また、導体の周囲が誘電率、「Eエップ」の絶縁物で満たされている時、電気容量は「Eエップ」は倍になる。例えば平行な２枚の金属板、この電気容量は板の面積に比例するが、両板を接近させるとその間の距離に反比例して増大し、両板の間が前記の絶

縁物に満たされていればさらに「E倍」になる。従ってこのようなものは小型でも多量の電荷を蓄えさせることができるので、蓄電器と呼ぶ、さらに電子を放出させるものは、特殊材料を使うが、電流を受け取ったり電極を作ったりするものは金属を用いる。尚、電気分解などの電極、トランジスターなどの半導体の製品の電極コンデンサーの電極　デシベル。

電圧や電流を増幅または減衰した時の増幅率、または減衰率の単位入力電圧、または電圧と電流を（IO）とし、増減圧を（I）その時の増幅率は（ϕ = 10log10w/wpデシベル）電子（変換）分解して蓄電して発電させ、電気自動車を走行させる。

木炭を燃やし、ガス化すると一酸化炭素を排出するが、燃料とするためには、ガスから電気に変換させることだ(木炭車は戦中戦後も走っていた)。

木炭車から電気に変え、さらに電子に発展させ、電子自動車の原理を考えると、負の電気素量を持つ「素粒子」、原子核と共に原子を構成する粒子は、原子内の電子の数は原子S012に等しい。質量は最も軽い原子である。水素原子の約1840分の１で、電界や磁界によって容易に進路を変えられる。この電子工学でこの性質を応用している。

原子内の電子は化学結合、電気伝導、結晶など物質の物理的、化学的性質を決定する役割を果たし、さらにフィラメントを熱すると電子が放出され、この電子を熱電子といい「真空管」の働き手でもある。この原理を電気電子に変えて蓄電によって、車を走らせることが可能である。

また、光電子効果によって放出される電子（光電子）は光電管に応用されている。さらに陰極線も電子の流れでもあり、すべての電子は原子内から取り出されたもので、現代文明の最大公約数、すなわち世界を豊かにしている。このベーター線の電子は原子核が崩壊する際にこの世に誕生した。恐らくこの電子が応用することができた時、完全にエコ時代になるだろう。

風力発電機を両サイドに取り付け、まず、スターターバッテリーで駆動させ、36Vバッテリーでエンジンを作動させる。さらに両サイドの風力発電によって大型バッテリーに蓄電させ36Vバッテリーと連動し、循環方式で走行させるシステムである。

最初は家庭用100Vからバッテリーを満タンにして駆動し走ることによって蓄電するシステムだから、長距離走行が可能な電気自動車である。また補助として前後車輪に発電機とモーターを取り付け、発電蓄電を繰り返して行う。

電気（子）自動車をコンピューター化し、ボタンを押し始動させ走行するシステムである。バッテリーは「風力・自家発電」によって自動制御によって走行可能にした電気自動車である。始動装置は、今までは鍵を使用したがボタン、すなわちコンピューターによるものだ。

ハイブリッドシステム（風力発電気自動車に太陽光を備えた）に、前・後輪に発電装置を取り付け補助用発電機とした。風力と太陽光の発電機が主である。このハイブリッドから電気自動車は、あらゆる電気を使って走らせる乗り物に搭載することができる。発電機はコンパクトで、パワフルな発電を行う。低速から高速に合わせた発電を行う。自動車が走行することによって風圧を受けることで発電するシステムである。補助的、太陽光発電装置を取り付けた。

風力と太陽光発電を主とした電気自動車だが、ハイブリッド用トランスミッションを備えた車である。制御電圧最大600V強、モーター出力55kw発電機、最大回転数7,000 ~ 70,000RPM（電子に変換する）。

モデルチェンジは在庫車を少なくして既存車を改良してクリーン車にする。走行距離を考えて廃車にすることが、環境を悪化させない方法である。生産性を高めると、過剰となり、在庫処理だけでなく、すべて温暖化を引き起こす原因となる。電気自動車の開発は環境に優しいエネルギーで走る車であればよいが、製造過程でCO2が排出しない方法で実行されることが肝要だ。

ソーラーパネルも主な素材はシリコンであり、その制造過程に化石燃料を使う。風力発電と自家発電がエコにつながり、地球環境に優しい方法となる。

地球温暖化を防止するには、車産業も新車導入を控え、なるべく長く使うことを勧めるべきではないか。今は車の材質も良くなり、塗装も良くなってきているので、長持ちするようになったので、モデルチェンジを遅くしてもよいと思う。

自家発電による電気自動車は、風力、太陽光、前後車軸に発電機装着という方法で、発電させ総合力で出力を高め、走行することによって、循環システム化を図る。大型発電と蓄電機を取り付けた電気（子）自動車である。また水から水素分解し水素エネルギー、あるいはバイオマスから水素・カーボンといったエネルギーを利用したり、あるいはハイブリッド用トランスミッション、または昔からのブラウン管式のテレビの磁石で出力アップできるシステムに対応した、エコなハイブリッド電気自動車を研究開発中である。

電気（子）自動車開発で考え方は次の二つがある。

直列方式

エンジンは発電機を直接使用したシステムとして、12Vスターターバッテリーからモーターを車軸としてエンジンを駆動させ、回生に活用（エンジンを発電用動力源として大型バッテリーとモーターに直結させ搭載する車)。

実際の仕組みとしてエンジンで発電機を駆動させ発生する電力を一旦バッテリーに蓄え、その電力でモーターとエンジンを駆動させ、走行する。

自動車が電気で走るようになった時、充電方式では充電設備がないこと、長時間走れないことが欠点なので、これらを解決するには自家発電を採用できるように研究開発したのが「前後輪に風力による発電装置を設置した」ことです。

並列方式

エンジンとモーターを作動させるシステム、搭載している複数の動力源を、車輪を応用した駆動に使用する電力の方式「エンジンはトランスミッション」を介して車輪の駆動に助勢を行い、同時に発電機の駆動も行う。大型蓄電機から電気エネルギーでモーターに送られ走行できるよう助力する。また、モーターは回生ブレーキにもなる。この電気自動車は走行するだけでなく、走りながら充電と蓄電が可能となり、永続的に自力で走り続けられるシステムに開発したものである（二次コイルによってパワーアップ）。さらに特徴は、停電が発生した時に非常用として自動車から電源が取れるシステムと設備もつないである。緊急時対応にも備えている。

各種図面集

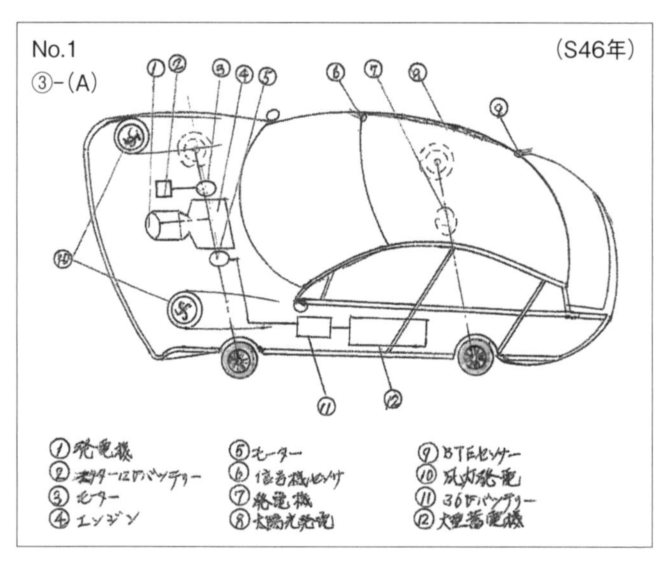
No.1
③-(A)
(S46年)
①発電機
②スターター12Vバッテリー
③モーター
④エンジン
⑤モーター
⑥信号機センサ
⑦発電機
⑧太陽光発電
⑨BTEセンサー
⑩風力発電
⑪36Vバッテリー
⑫大型蓄電機

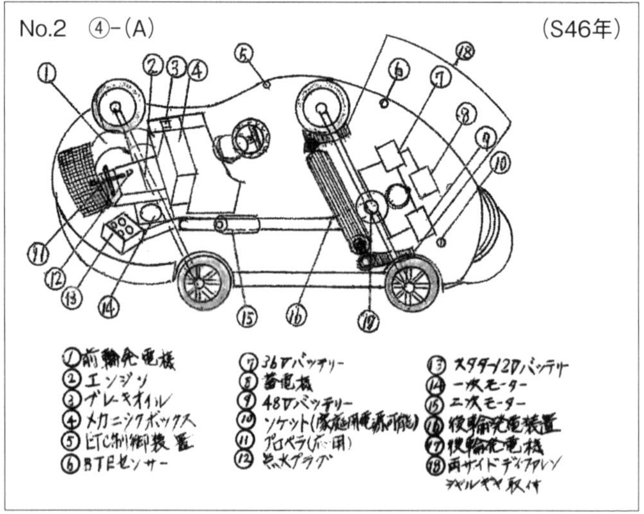
No.2 ④-(A)
(S46年)
①前輪発電機
②エンジン
③ブレーキオイル
④メカニシクボックス
⑤ETC制御装置
⑥BTEセンサー
⑦36Vバッテリー
⑧蓄電機
⑨48Vバッテリー
⑩ソケット(家庭用電源可能)
⑪プロペラ
⑫点火プラグ
⑬スターター12Vバッテリー
⑭一次モーター
⑮二次モーター
⑯後輪発電装置
⑰後輪発電機
⑱両サイドディファレンシャルギヤ取付

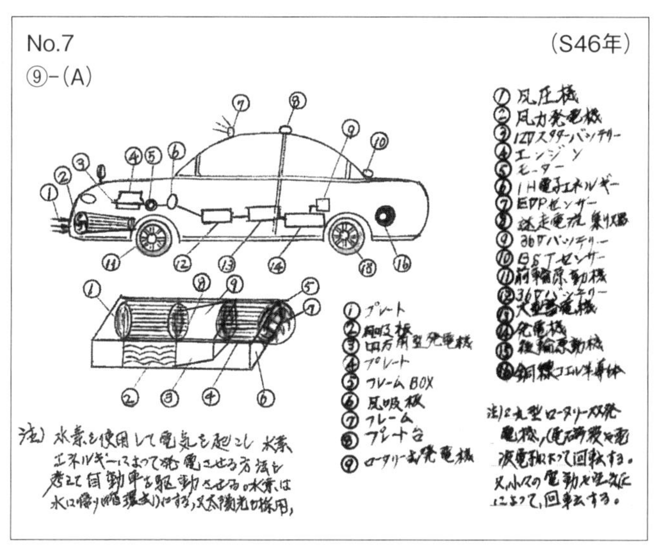
No.7
(S46年)
⑨-(A)
① 風圧機
② 風力発電機
③ 12Vスターバッテリー
④ エンジン
⑤ モーター
⑦ EDPセンサー
⑨ 36Vバッテリー
⑩ BSTセンサー
① プレート
④ プレート
⑤ フレームBOX
⑥ 風吸板
⑦ フレーム
⑧ プレート台
⑨ ロータリー式発電機

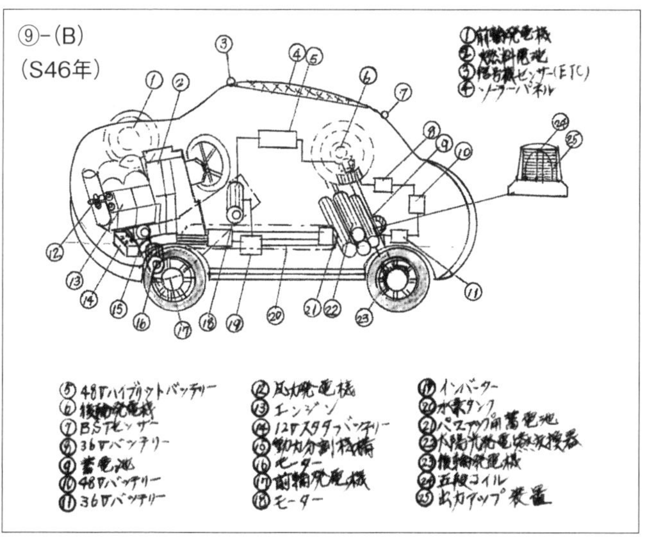
⑨-(B)
(S46年)
④ ソーラーパネル
⑤ 48Vハイブリットバッテリー
⑦ BSTセンサー
⑧ 36Vバッテリー
⑨ 蓄電池
⑩ 48Vバッテリー
⑪ 36Vバッテリー
⑬ エンジン
⑭ 12Vスタタバッテリー
⑯ モーター
⑱ モーター
⑲ インバーター
⑳ 水素タンク
㉔ 五段コイル
㉕ 出力アップ装置

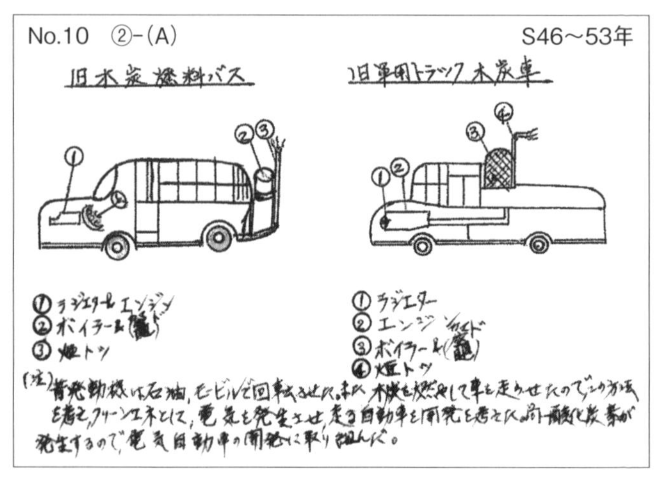
No.10 ②-(A)
S46～53年
旧木炭燃料バス
旧軍用トラック木炭車
①ラジエーター エンジン
②ボイラー
③煙トツ
①ラジエーター
②エンジン
③ボイラー
④煙トツ
(注)昔発動機は石油、モービルで回転させた。また木炭を燃やして車を走らせたので、この方法を考え、クリーンエネとして、電気を発生させ走る自動車を開発を考えた。一酸化炭素が発生するので、電気自動車の開発に取り組んだ。

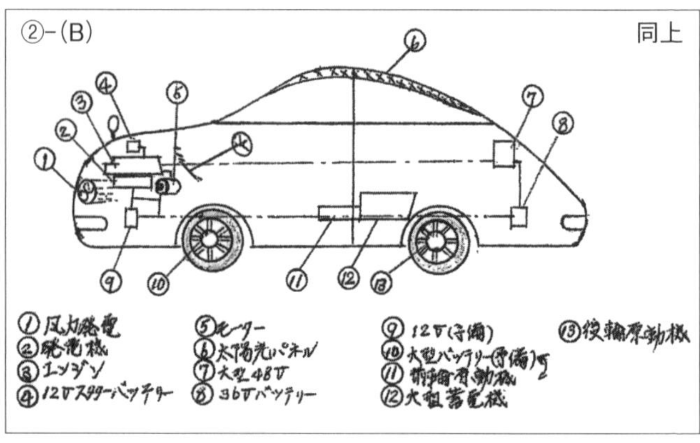
②-(B)
同上
①風力発電
②発電機
③エンジン
④12Vスターターバッテリー
⑤モーター
⑥太陽光パネル
⑦大型48V
⑧36Vバッテリー
⑨12V(予備)
⑩大型バッテリー(予備)
⑪前輪原動機
⑫大型蓄電機
⑬後輪原動機

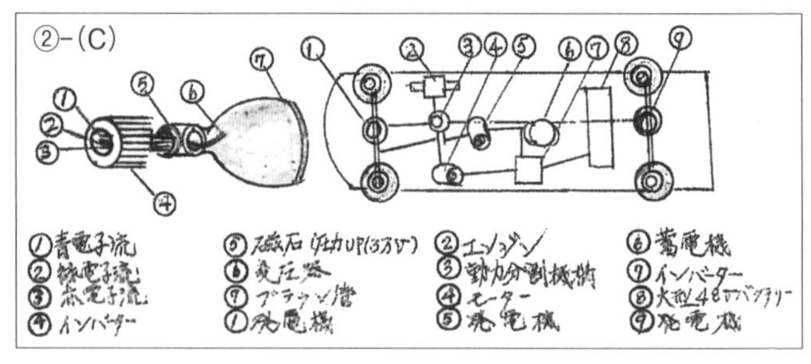
②-(C)
①青電子流
②緑電子流
③赤電子流
④インバーター
⑤磁石 出力UP(3万V)
⑥変圧器
⑦プラズマ管
①発電機
②エンジン
③動力分割機構
④モーター
⑤発電機
⑥蓄電機
⑦インバーター
⑧大型48Vバッテリー
⑨発電機

No.2　④-(B)　S46～60年

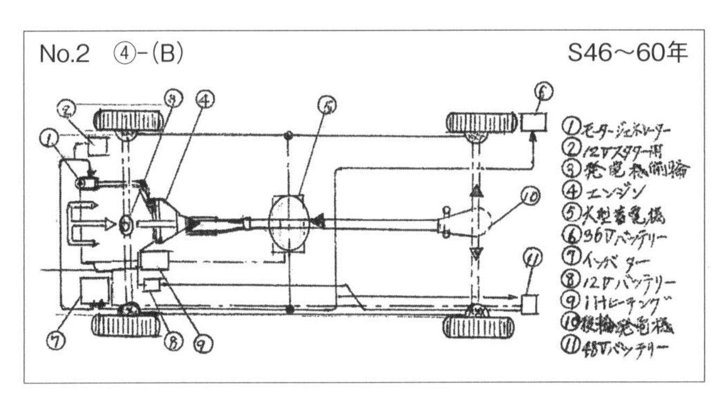

④-(C)

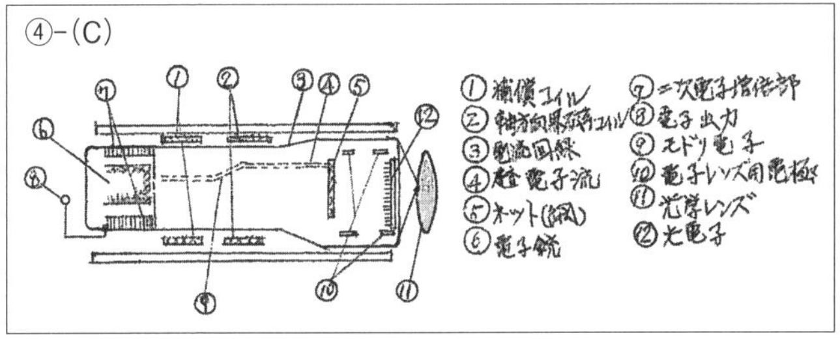

No.4　⑧-(A)　　S46年

クリーンエネルギ自動車に移行するには現在車を使い回るか、改造するかで、次のモデルチェンジするのです。或いは走行距離（10Km〜15Km）位走行時に新車の生産に入いることにすると、「エコー車」に続けると、温暖化も少し[illegible]の生産過上すると温暖化を[illegible]にします。

① 旧水冷式プロペラを風力発電に変更
② 発電機装置取付
③ ファンベルト応用
④ モーター設置
⑤ エンジン設置
⑥ スターター12Vバッテリ
⑦ 燃料電池
⑧ 変換機
⑨ 発電装置
⑩ 電子(受機)

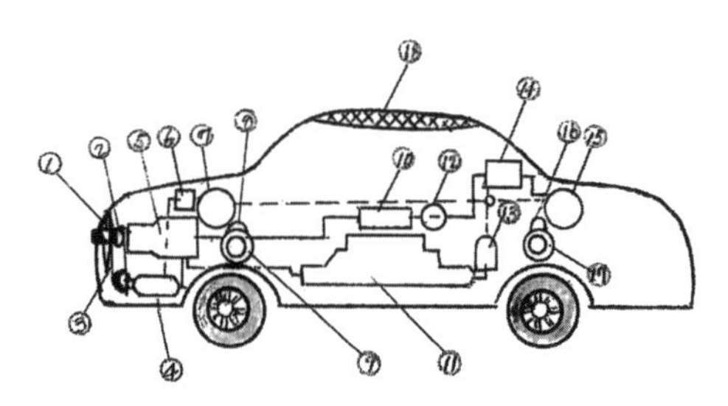

⑪ 大型蓄電用バッテリー(出力アップ装置付)
⑫ 12Vバッテリー
⑬ 36Vバッテリー
⑭ 駆動用V（36V〜48V）バッテリー
⑮ 蓄電用燃料電池
⑯ 変換機
⑰ 発電機装置取付
⑱ ソーラー太陽光発電設置

⑨-(B)

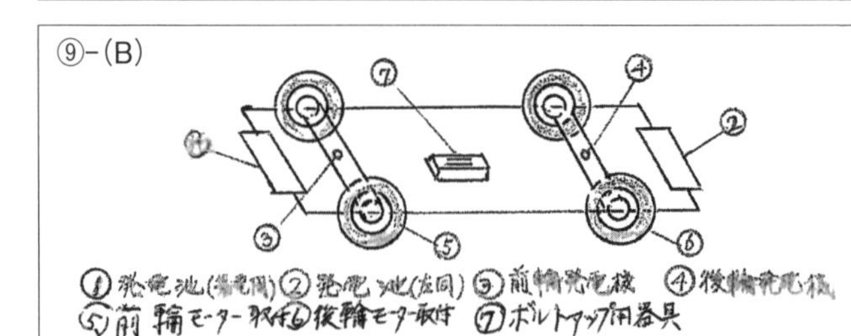

① 発電池(蓄電用) ② 発電池(左同) ③ 前輪発電機 ④ 後輪発電機
⑤ 前輪モーター取付 ⑥ 後輪モーター取付 ⑦ ボルトアップ用器具

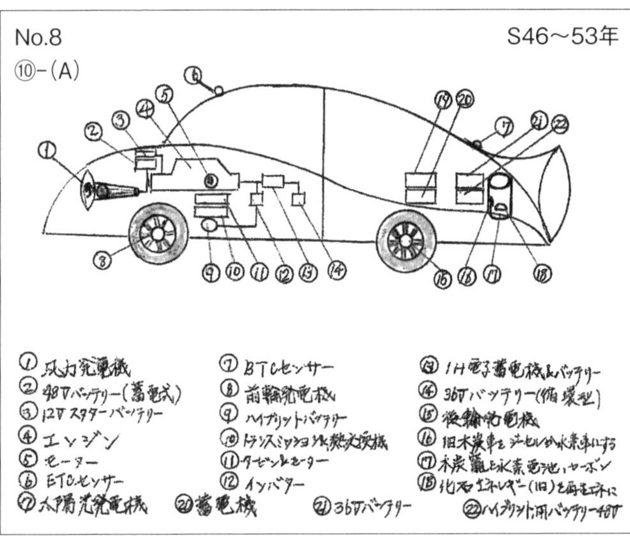
No.8
S46～53年
⑩-(A)
① 風力発電機
② 48Vバッテリー(蓄電式)
③ 12Vスターターバッテリー
④ エンジン
⑤ モーター
⑥ ETCセンサー
⑦ 太陽光発電機
⑦ BTCセンサー
⑧ 前輪発電機
⑨ ハイブリットバッテリー
⑩ トランスミッション熱交換機
⑪ タービン＆モーター
⑫ インバター
⑬ IH電子蓄電機＆バッテリー
⑭ 36Vバッテリー(循環型)
⑮ 後輪発電機
⑯ 旧木炭車をジーゼルか水素車にする
⑰ 木炭籠と水素電池、カーボン
⑱ 化石エネルギー(旧)を再生エネに
⑳ 蓄電機
㉑ 36Vバッテリー
㉒ ハイブリット用バッテリー48V

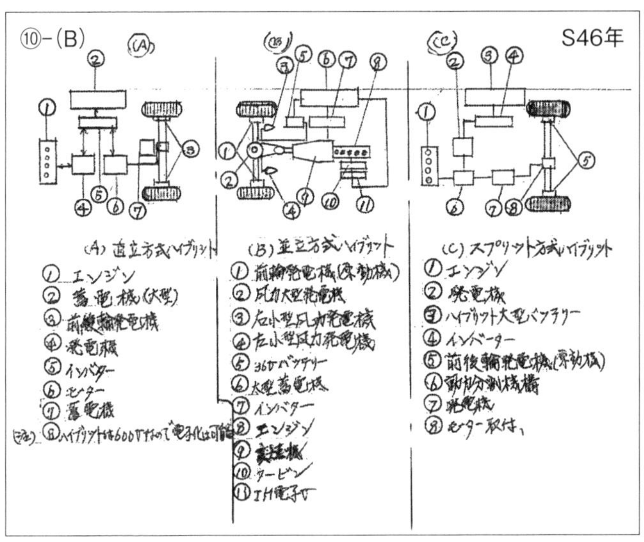
⑩-(B)
S46年
(A) 直立方式ハイブリット
① エンジン
② 蓄電機(大型)
③ 前後輪発電機
④ 発電機
⑤ インバター
⑥ モーター
⑦ 蓄電機
(注) ⑧ ハイブリットは600Vなので電子化は可能
(B) 並立方式ハイブリット
① 前輪発電機
② 風力大型発電機
③ 右小型風力発電機
④ 左小型風力発電機
⑤ 36Vバッテリー
⑥ 大型蓄電機
⑦ インバター
⑧ エンジン
⑩ タービン
⑪ IH電子V
(C) スプリット方式ハイブリット
① エンジン
② 発電機
③ ハイブリット大型バッテリー
④ インバーター
⑤ 前後輪発電機
⑥ 動力分割機構
⑦ 発電機
⑧ モーター取付、

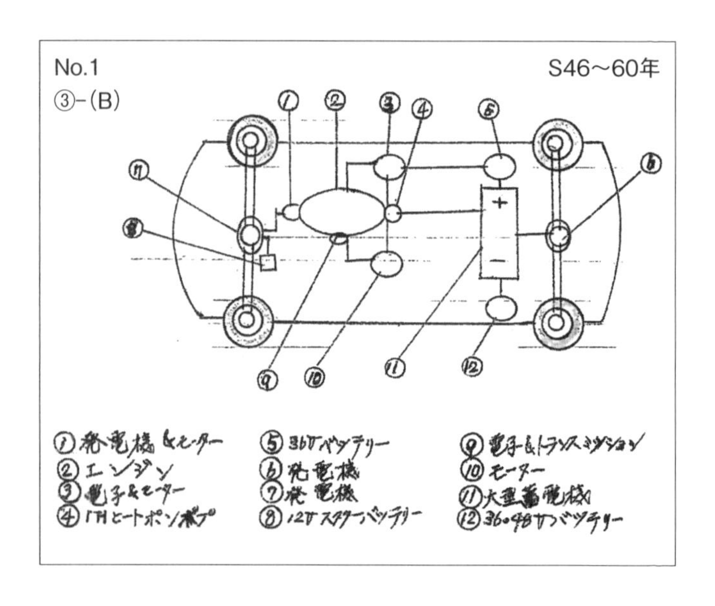
No.1
S46～60年
③-(B)
+
−
①発電機&モーター
②エンジン
③電子&モーター
④IHヒートポンポンプ
⑤36Vバッテリー
⑥発電機
⑦発電機
⑧12Vスタターバッテリー
⑨電子&トランスミッション
⑩モーター
⑪大型蓄電機
⑫36・48Vバッテリー

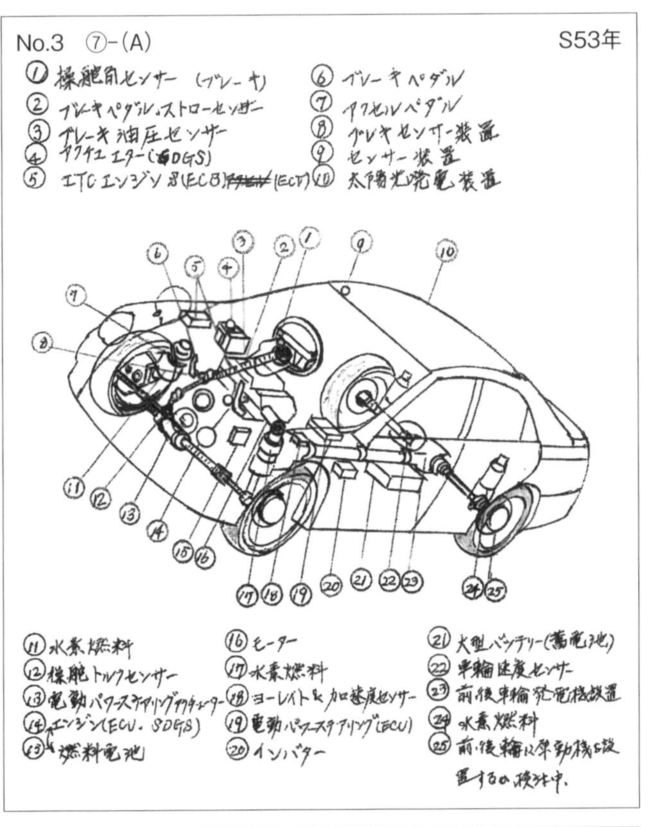
No.3 ⑦-(A)
S53年
①操舵角センサー（ブレーキ）
②ブレーキペダルストローセンサー
③ブレーキ油圧センサー
④アクチュエーター（SDGS）
⑤ETCエンジンS(ECB)(ECT)
⑥ブレーキペダル
⑦アクセルペダル
⑧ブレーキセンサー装置
⑨センサー装置
⑩太陽光発電装置
⑪水素燃料
⑫操舵トルクセンサー
⑬電動パワーステアリングアクチュエーター
⑭エンジン(ECU. SDGS)
⑮燃料電池
⑯モーター
⑰水素燃料
⑱ヨーレイト＆加速度センサー
⑲電動パワーステアリング(ECU)
⑳インバーター
㉑大型バッテリー(蓄電池)
㉒車輪速度センサー
㉓前後車輪発電機設置
㉔水素燃料
㉕前・後輪に駆動機を設置するか検討中。

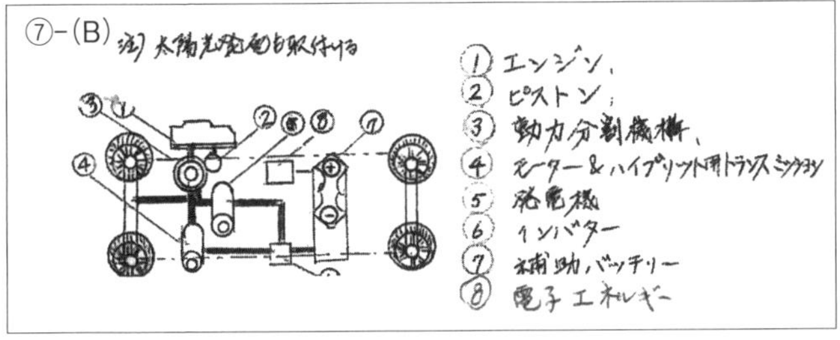
⑦-(B) 注）太陽光発電を取付ける
①エンジン、
②ピストン、
③動力分割機構、
④モーター＆ハイブリッド用トランスミッション
⑤発電機
⑥インバーター
⑦補助バッテリー
⑧電子エネルギー

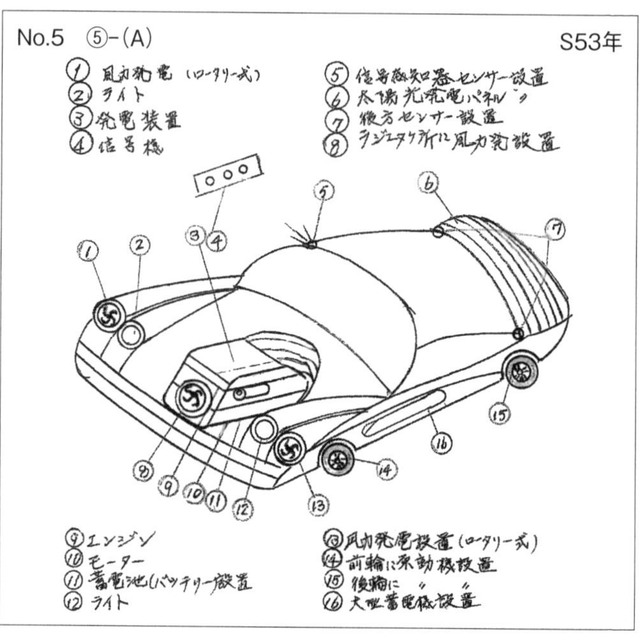
No.5 ⑤-(A)
S53年
① 風力発電（ロータリー式）
② ライト
③ 発電装置
④ 信号機
⑤ 信号感知器センサー設置
⑥ 太陽光発電パネル〃
⑦ 後方センサー設置
⑧ ラジエタケ所に風力発設置
⑨ エンジン
⑩ モーター
⑪ 蓄電池(バッテリー設置
⑫ ライト
⑬ 風力発電設置（ロータリー式）
⑭ 前輪に発動機設置
⑮ 後輪に 〃 〃
⑯ 大型蓄電機設置

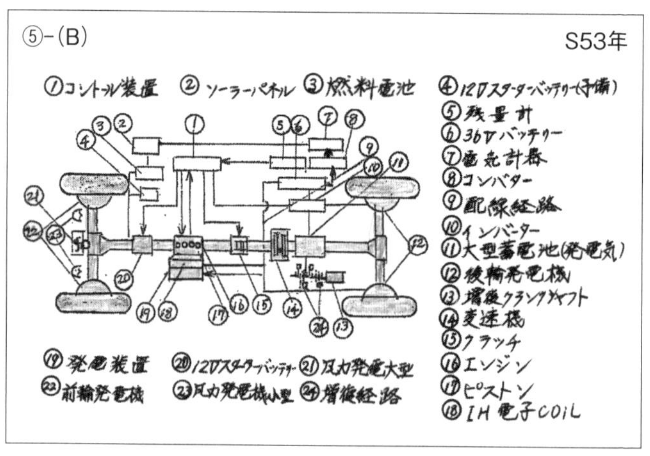
⑤-(B)
S53年
①コントロル装置
② ソーラーパネル
③ 燃料電池
④ 12Vスターターバッテリー（予備）
⑤ 残量計
⑥ 36V バッテリー
⑦ 電気計器
⑧ コンバター
⑨ 配線経路
⑩ インバーター
⑪ 大型蓄電池(発電気)
⑫ 後輪発電機
⑬ 増幅クランクシャフト
⑭ 変速機
⑮ クラッチ
⑯ エンジン
⑰ ピストン
⑱ IH 電子COIL
⑲ 発電装置
⑳ 12Vスターターバッテリー
㉑ 風力発電大型
㉒ 前輪発電機
㉓ 風力発電機小型
㉔ 増幅経路

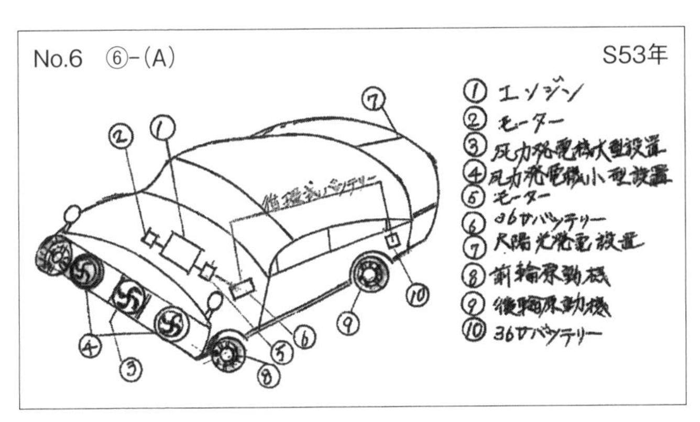
No.6　⑥-(A)
S53年
①
②
⑦
④
③
⑤
⑥
⑧
⑨
⑩
① エンジン
② モーター
③ 風力発電機大型設置
④ 風力発電機小型設置
⑤ モーター
⑥ 36Vバッテリー
⑦ 太陽光発電設置
⑧ 前輪原動機
⑨ 後輪原動機
⑩ 36Vバッテリー

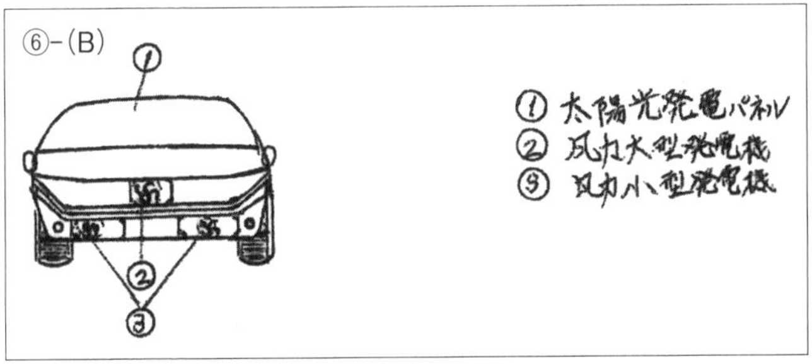
⑥-(B)
①
②
③
① 太陽光発電パネル
② 風力大型発電機
③ 風力小型発電機

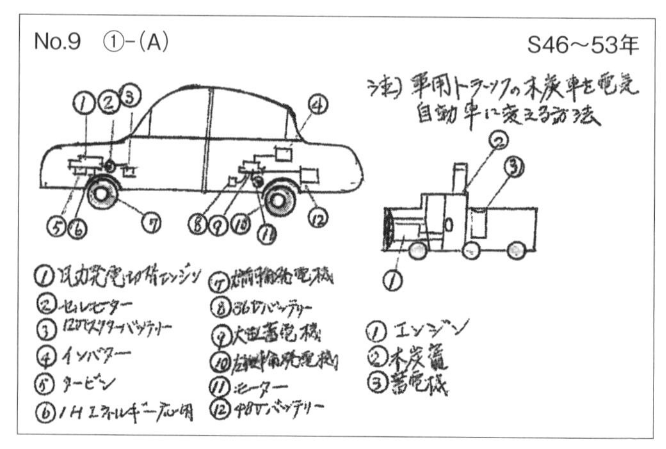
No.9 ①-(A)
S46〜53年
⑤タービン
⑧36Vバッテリー
⑪モーター
⑫48Vバッテリー
①エンジン
③蓄電機

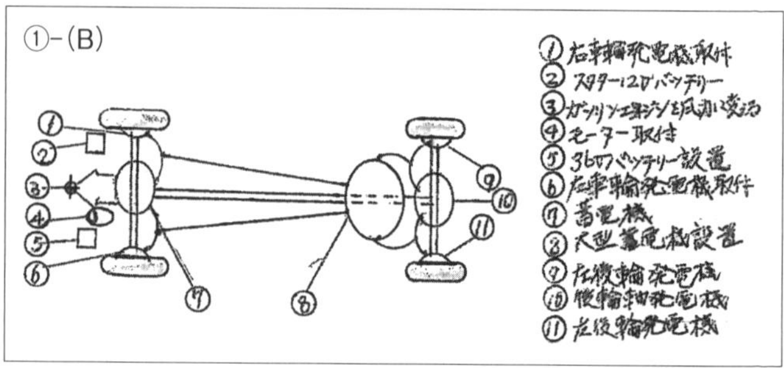
①-(B)
④モーター取付
⑤36Vバッテリー設置
⑦蓄電機
⑧大型蓄電機設置

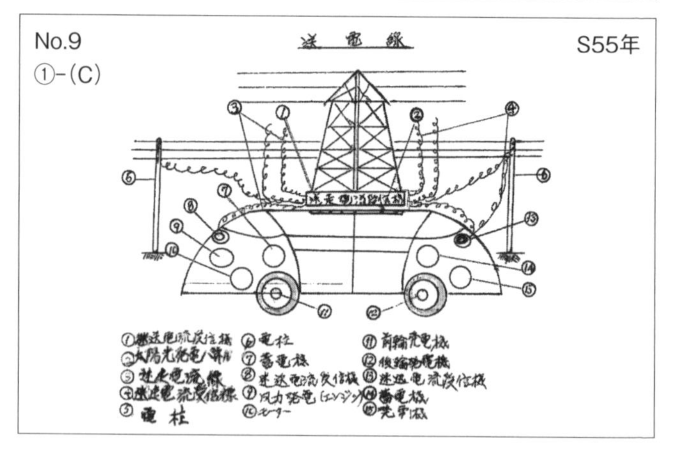
No.9
①-(C)
送電線
S55年
⑤電柱
⑥電柱
⑦蓄電機
⑨風力発電（エンジン）
⑩モーター
⑪前輪発電機
⑭蓄電機

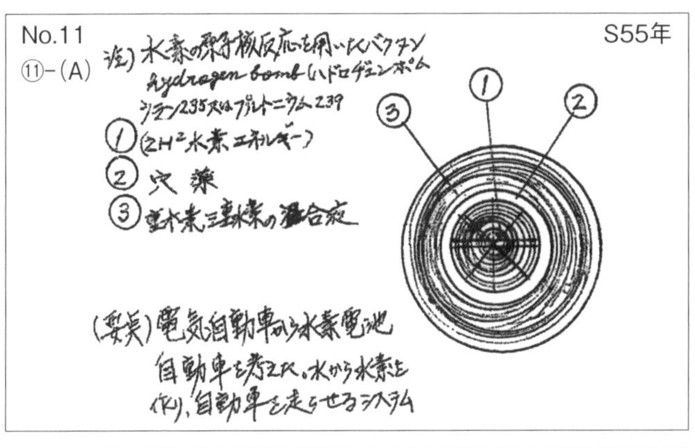

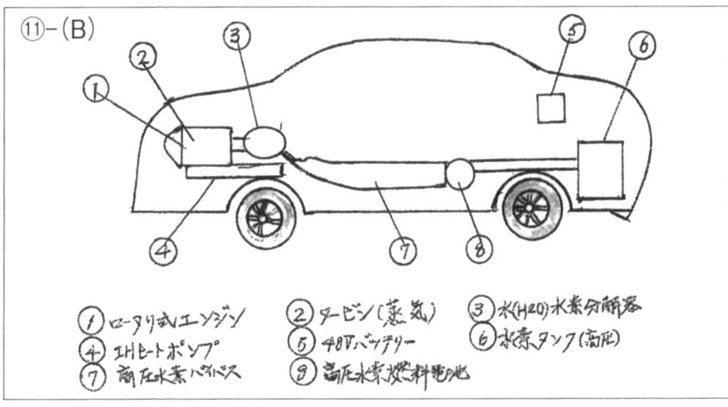

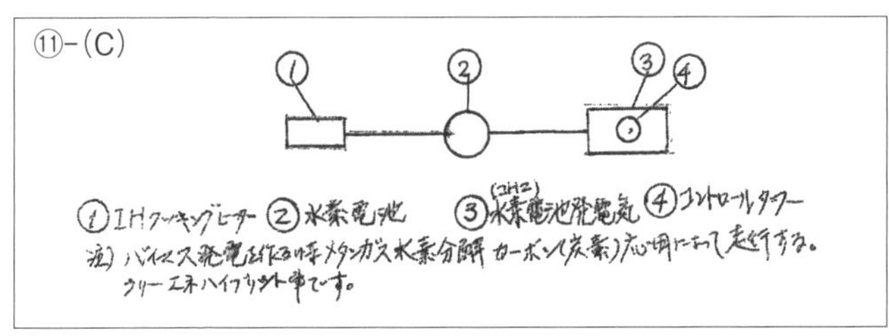

迷走電流集引機と蓄電法を研究開発中(S55年)

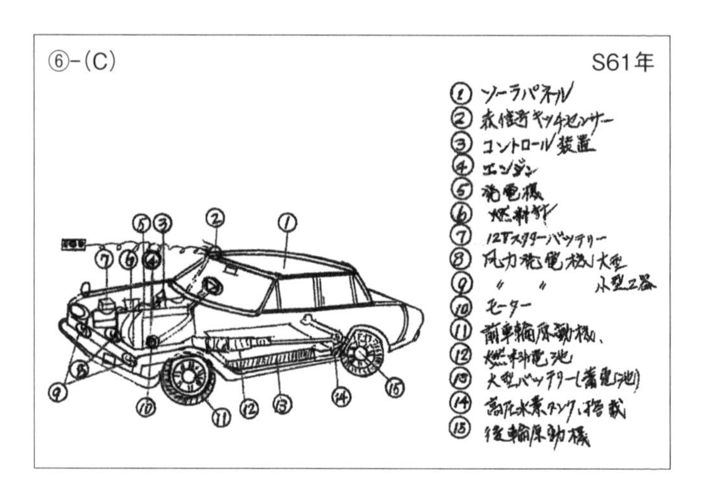
⑥-(C)
S61年
① ソーラパネル
② 赤信号キャッチセンサー
③ コントロール装置
④ エンジン
⑤ 発電機
⑦ 12Vスターターバッテリー
⑧ 風力発電機 大型
⑨ 〃 〃 小型2器
⑩ モーター
⑪ 前車輪原動機、
⑫ 燃料電池
⑬ 大型バッテリー(蓄電池)
⑭ 高圧水素タンク搭載
⑮ 後車輪原動機

著者プロフィール

高橋 保基（たかはし やすのり）

1935年、福島県生まれ
東京技術開発（株）代表取締役会長
高橋慶舟記念館館長
日本拳法自然無双流空手道流祖宗家
日本大学校友会東京都第五支部副支部長

著書『地球環境の危機』（2003年、文芸社）
　　『要説 空手道教本』（2007年、長崎出版）
　　『必携 家庭医学百科』（2019年、元就出版社）
　　『自叙伝と地球人社会への提言』（2021年、文芸社）

私の「電気自動車」考察半世紀

2022年8月15日　初版第1刷発行

著　者　高橋 保基
発行者　瓜谷 綱延
発行所　株式会社文芸社
〒160-0022　東京都新宿区新宿1－10－1
電話　03-5369-3060（代表）
03-5369-2299（販売）

印刷所　図書印刷株式会社

ISBN978-4-286-23765-7